大数据采集与爬虫

主　编　孔令勇
副主编　付定强　凌　兰　胡辉贤
参　编　胡　琦　曾雪梅　向治宇
　　　　李　顺

北京理工大学出版社
BEIJING INSTITUTE OF TECHNOLOGY PRESS

内 容 简 介

本书收集了大数据采集与爬虫的相关编程案例，分 4 个项目进行讲解，包括项目一爬虫与网页、项目二文本类网站的爬虫、项目三图片资源的爬虫、项目四 Jupyter Notebook (anaconda3) 爬虫编程基础，共讲解了 28 个编程案例。

项目一～项目三在 Visual Studio Code 软件环境下讲解，项目四在 Jupyter Notebook (anaconda3) 环境下讲解，编程语言为 Python 语言。

本书内容包括爬虫程序的工作原理，从网站爬取收集需要的代码、文字、图片等资源的技能，讲解内容以案例应用的形式呈现，并把技能应用与案例实现过程结合，以效果目标引领编程，同时，注重将理论知识贯穿于案例。本书在讲解技能应用技巧的实现过程中，帮助读者掌握大数据采集与爬虫技术，同时加深学生对相关专业理论知识点的认识与理解。

本书适合培养读者应用 Python 语言编写爬虫程序，实现爬虫功能。本书在讲解案例任务的实现过程中，通过代码的解读引导读者理解代码的功能，注意帮助读者提升 Python 语言的应用水平，能有效提高读者的专业学习能力。

图书在版编目（CIP）数据

大数据采集与爬虫 / 孔令勇主编 . -- 北京：北京
理工大学出版社 , 2023.6

ISBN 978-7-5763-2520-1

Ⅰ . ①大… Ⅱ . ①孔… Ⅲ . ①数据采集 Ⅳ .
① TP274

中国国家版本馆 CIP 数据核字 (2023) 第 116656 号

责任编辑： 钟　博	**文案编辑：** 钟　博		
责任校对： 周瑞红	**责任印制：** 边心超		

出版发行 / 北京理工大学出版社有限责任公司

社　　址 / 北京市丰台区四合庄路 6 号

邮　　编 / 100070

电　　话 / （010）68914026（教材售后服务热线）
　　　　　　（010）68944437（课件资源服务热线）

网　　址 / http://www.bitpress.com.cn

版印次 / 2023 年 6 月第 1 版第 1 次印刷

印　　刷 / 定州市新华印刷有限公司

开　　本 / 889 mm×1194 mm　1/16

印　　张 / 9

字　　数 / 160 千字

定　　价 / 65.00 元

前言

党的二十大报告指出"坚持把发展经济的着力点放在实体经济上，推进新型工业化，加快建设制造强国、质量强国、航天强国、交通强国、网络强国、数字中国。"建设数字中国需要各种大数据技术作为支撑。

大数据时代的到来，迫切需要各学校及时建立大数据技术课程体系，全面贯彻党的教育方针，落实立德树人根本任务为社会培养和输送一大批具备大数据专业素养的高级人才，满足社会对大数据人才日益旺盛的需求，培养德智体美劳全面发展的社会主义建设者和接班人。然而，目前适用于教学的大数据教材较少，不能满足学校的教学要求，基于此编者编写了本书。

本书在讲解技能应用技巧的实现过程中，帮助学生掌握大数据采集与爬虫技术，同时加深学生对相关专业理论知识点的认识与理解。本书具有以下特点：

（1）发挥"互联网＋教材"的优势，书中配备二维码内容，方便学生自主学习，并提供配套教学课件、电子教案等资源方便教师教学。

（2）结合企业对人才的需求和数据采集与爬虫发展的趋势，分析出学生应知应会的知识，根据生产需求确定岗位标准，依据岗位标准分析岗位所需的知识和能力，紧跟数据爬虫技术的发展趋势和行业对人才的需求变化，及时将产业发展的新技术、新方法、新规范纳入书中。

本书是大数据采集与爬虫的入门教材，以 Python 语言为载体介绍爬虫程序的工作原理，从网站爬取收集需要的代码、文字、图片等资源的技能，讲解内容以案例应用的形式呈现，并把技能应用与案例实现过程结合，以效果目标引领编程，同时，注重将理论知识贯穿于案例。本书有助于提高学生的实际操作能力，为他们进入大数据领域工作或继续深造奠定基础。

本书建议学时为 96 学时，其中项目一建议学时为 32 学时，项目二建议学时为 20 学时，项目三建议学时为 22 学时，项目四建议学时为 22 学时，任课教师可以根据实际教学情况自行调整。

由于编者水平有限，书中难免存在不妥之处，恳请广大读者批评指正。

目录

PC 项目一
爬虫与网页

【项目导学】

什么是爬虫?

爬虫可以理解为一段自动抓取互联网信息的程序。人们因数据处理的需要,有时需要从互联网上抓取有价值的信息。若能编写具有适当功能的爬虫程序,从互联网上抓取信息会更有效率。

互联网上的很多信息都是以网页形式存在的,要学习爬虫程序的编写方法,必须掌握一定的网页 html 文件知识,能看得懂 HTML 文件内容是最基本的要求。

从互联网上抓取信息首先要学习 Python 访问网站、

本项目讲解运用 Python 的 requests 模块、parsel 模块从网页上抓取信息的操作方法,并在讲解爬虫程序过程中,介绍常见网页标签知识在爬虫程序中的应用技能。

【教学目标】

知识目标:

(1)了解爬虫的基本概念;

(2)了解访问网页时常返回的几个 HTTP 状态码;

(3)了解网页的 <h1>、<h2>、<li> 等标签;

(4)了解 IIS 的作用;

(5)了解 utf8 编码的作用。

能力目标:

(1)掌握启动 PyCharm 创建扩展名为".py"的程序文件的方法;

(2)能在 IIS 中发布网页;

(3)能编程爬取网页上 <h1>、<h2>、<li> 等标签内的文本;

(4)掌握 PyCharm 编程软件的应用。

素质目标:

(1)激发学生对爬虫程序的好奇心;

(2)培养学生编写爬虫程序的兴趣;

(3)提高学生的创建和编写爬虫程序的能力。

任务一 使用 requests 模块爬取网页状态

使用 REQUESTS 爬
取网页状态

爬虫程序的访问目标通常为网址，因此要能够成功访问指定网址的网页。爬虫程序只有正常访问网页时，才可能爬取网页的内容。现在通过访问目标网址 https://www.baidu.com，介绍爬虫程序如何成功辨别所访问的网址。

任务要求

（1）目标网址为 https://www.baidu.com。

（2）使用 requests 模块爬取 https://www.baidu.com 的访问状态。

（3）输出访问状态 status_code。

（4）查看输出的 status_code 值是否为 200。

实现步骤

（1）创建程序工作目录，例如目录可创建为"d:\mypycharm"，如图 1-1-1 所示。

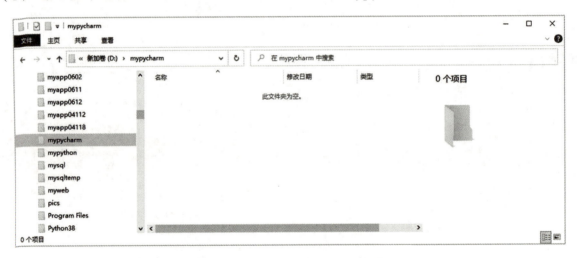

图 1-1-1 创建程序工作目录

（2）启动 PyCharm，执行"File/Open"命令，如图 1-1-2 所示。

提示：执行"File/Open"，就是执行"文件/打开"。

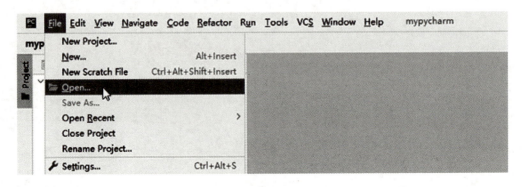

图 1-1-2 执行"File/Open"命令

（3）选择程序工作目录"d:\mypycharm"，单击"OK"按钮，如图 1-1-3 所示。

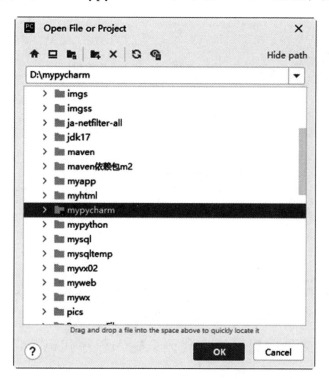

图 1-1-3　选择程序工作目录

（4）单击"Trust Project"按钮，如图 1-1-4 所示。

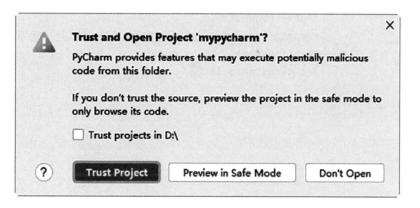

图 1-1-4　单击"Trust Project"按钮

（5）单击"This Window"按钮，如图 1-1-5 所示。

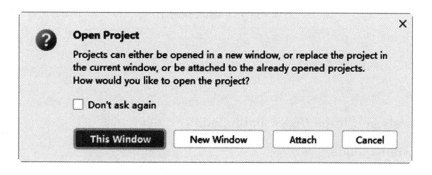

图 1-1-5　单击"This Window"按钮

（6）打开"main.py"文件，如图 1-1-6 所示。

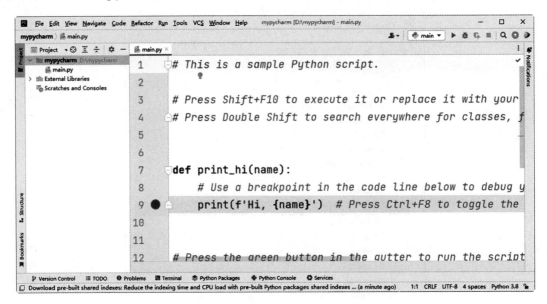

图 1-1-6 打开"main.py"文件

（7）在"main.py"文件中删除原有代码，输入程序代码，访问 https://www.baidu.com 网址，爬取访问状态，如图 1-1-7 所示。

图 1-1-7 输入程序代码

【参考代码】

```
import requests
response =requests.get('https://www.baidu.com')
print(response.status_code)
print(response.text)
```

【代码解读】

```
# 导入 requests 模块
import requests
# 使用 requests 模块的 get() 方法爬取网页的源代码，结果保存在 response 变量中
response =requests.get('https://www.baidu.com')
# 在终端打印输出 response.status_code 的值
print(response.status_code)
## 在终端打印输出 response
print(response)
```

（8）修改最后一行代码为 print(response)，单击运行按钮 ▊，执行"main.py"程序，观察输出的 status_code 值是否为 200，如图 1-1-8 所示。

图 1-1-8　执行"main.py"程序

【知识链接】

status_code 的值为 200 表示正常访问到网页。

HTTP 状态码 (HTTP Status Code) 是在访问网页服务器时，服务器根据相应状态返回的 3 位数字代码。其包括"1××"（消息）、"2××"（成功）、"3××"（重定向）、"4××"（请求错误）和"5××"或"6××"（服务器错误）等 5 种不同类型。

比较常见的 HTTP 状态码如下。

（1）HTTP: Status 200 – 服务器成功返回网页。

（2）HTTP: Status 404 – 请求的网页不存在。

（3）HTTP: Status 503 – 服务不可用。

任务二 在浏览器中查看网页状态

访问网址 https://www.baidu.com，获取返回的 HTTP 状态码，根据 HTTP 状态码辨别是否能正常访问网页；打开浏览器网络访问信息，查看 Network 信息，观察网站请求的方法 (Request Method) 的值。

任务要求

（1）目标网址为 https://www.baidu.com。

（2）使用浏览器打开网址 https://www.baidu.com。

（3）检查访问网址的 HTTP 状态码。

（4）查看 Network 信息，确认网站请求的方法 Request Method 是否为 GET，并截图证明。

实现步骤

（1）打开一个网页浏览器，访问网址 https://www.baidu.com，如图 1-2-1 所示。

图 1-2-1 访问网址 https://www.baidu.com

（2）在页面空白处，单击鼠标右键，执行"检查"命令，如图 1-2-2 所示。

图 1-2-2 执行"检查"命令

（3）单击"Network"选项卡，再次刷新页面，查看"Name"列表的"www.baidu.com"项，如图 1-2-3 所示。

提示：必须刷新页面才可以查看最新的网页访问反馈信息。

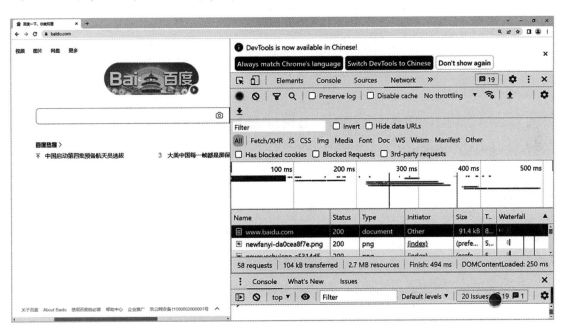

图 1-2-3 查看"Name"列表

4）单击"Name"列表的"www.baidu.com"项，查看"Headers"选项卡信息内容，如图 1-2-4 所示。

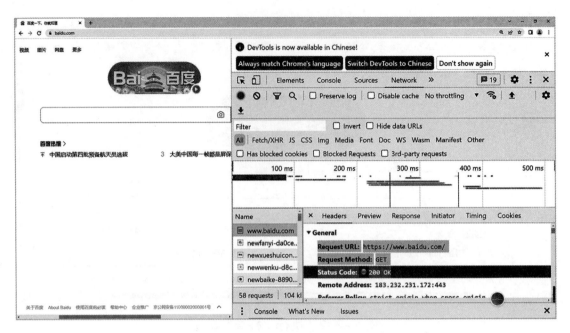

图 1-2-4　查看"Headers"选项卡信息内容

【知识链接】

在"Headers"选项卡信息内容中可看到以下 3 行代码。

Request URL: https://www.baidu.com/

Request Method: GET

Status Code: 200 OK

其含义为：网络请求（Request URL）的网址是 https://www.baidu.com/，网站请求（Request Method）的方法是 GET，Status Code 的值是 200，表示网页访问正常。

【知识链接】

在爬虫程序中，用 requests 模块访问网址 www.baidu.com，应用以下哪一行命令比较合适？为什么？

A. requests.get('https://www.baidu.com')

B. requests.post('https://www.baidu.com')

任务三 爬取在 IIS 中发布的网页内容

为了更好地掌握爬虫的工作原理和过程，我们可以亲自动手发布网站，再从所发布的网站中爬取网站网页的内容，这样会更容易理解网页的内容结构，并验证爬虫爬取的内容。本任务要求学会发布网站，同时编写爬虫程序，并运行爬虫程序，让爬虫从网页中爬取需要的内容，看是否能得到预期的结果。

爬虫爬取在 IIS 发布的网页内容

任务要求

（1）正确安装 IIS。

（2）在 IIS 中发布准备好的素材文件"index.html"。

（3）使用浏览器中打开网址 http://localhost/。

（4）编写爬虫程序代码，访问网址 http://localhost/。

（5）爬取网址的 HTTP 状态码。

（6）输出访问网页的文本内容。

实现步骤

（1）选择"开始/控制面板"选项，如图 1-3-1 所示。

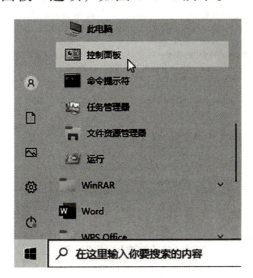

图 1-3-1 选择"开始/控制面板"选项

（2）选择"程序"选项，如图 1-3-2 所示。

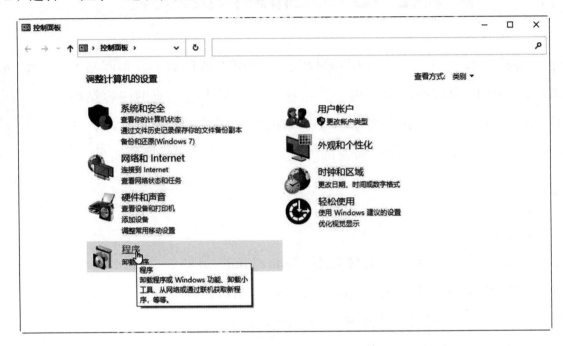

图 1-3-2　选择"程序"选项

（3）单击"启动或关闭 Windows 功能"链接，如图 1-3-3 所示。

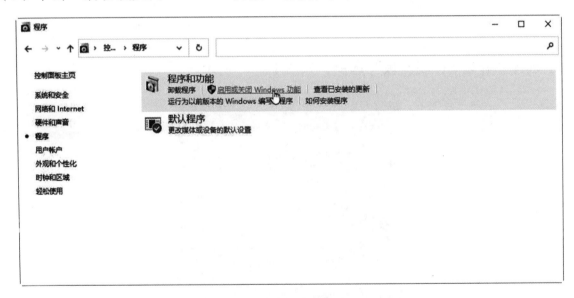

图 1-3-3　单击"启动或关闭 Windows 功能"链接

（4）勾选"Internet Information Services"复选框，单击"确定"按钮，如图 1-3-4 所示。

图 1-3-4 勾选 "Internet Information Services" 复选框

【知识链接】

互联网信息服务 (Internet Information Services,IIS) 是一种 Web(网页) 服务组件，可以用来发布网站。

（5）等待 IIS 安装完成，单击"关闭"按钮，如图 1-3-5 所示。

（6）选择"开始 /Windows 管理工具"选项，如图 1-3-6 所示。

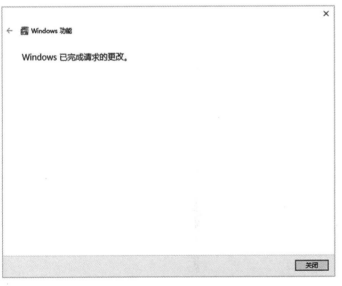

图 1-3-5 等待 IIS 安装完成　　　　图 1-3-6 选择"开始 /Windows 管理工具"选项

（7）运行 IIS，如图 1-3-7 所示。

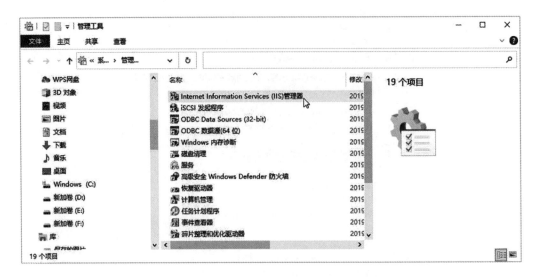

图 1-3-7　运行 IIS

（8）选择网站，单击"基本设置"选项，如图 1-3-8 所示。

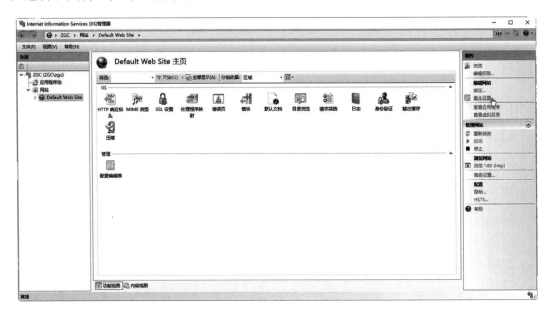

图 1-3-8　单击"基本设置"选项

（9）单击"物理路径"右侧的"…"按钮，查看网站发布的目录，如图 1-3-9 所示。

图 1-3-9　单击"物理路径"右侧的"…"按钮

（10）用资源管理器打开网站所在目录"C:\inetpub\wwwroot"，把本任务的素材"index.

html"复制到目录"C:\inetpub\wwwroot"中，如图 1-3-10 所示。

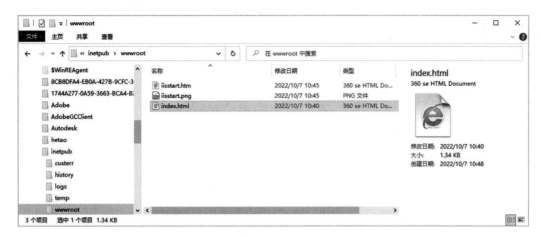

图 1-3-10   "C:\inetpub\wwwroot"目录

（11）单击"浏览 *:80(http)"选项，如图 1-3-11 所示。

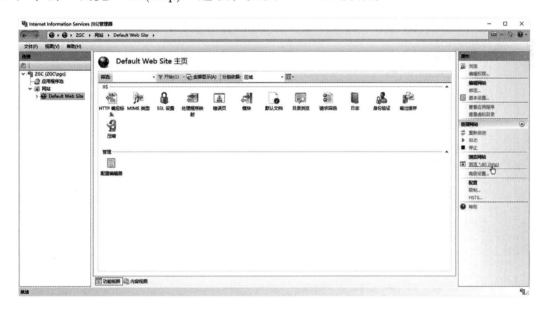

图 1-3-11   单击"浏览 *:80(http)"选项

（12）成功浏览网站，如图 1-3-12 所示。

图 1-3-12   成功浏览网站

（13）启动 PyCharm，创建"main.py"文件，输入程序代码，实现从网站 http://

大数据采集与爬虫

localhost/ 的首页中爬取网页代码的功能，并运行程序，如图 1-3-13、图 1-3-14 所示。

【参考代码】

```python
import requests
response =requests.get('http://localhost/')
print(response.status_code)
print(response.text)
```

图 1-3-13　创建"main.py"文件

图 1-3-14　运行程序

14

【知识链接】

response.text 返回爬取信息的文本字符，但可能打印出类似乱码的字符串，如图 1-3-14 所示。

解决乱码问题，可以有两种方法。

方法一，通过设置字符编码 response.encoding 来匹配指定的解码。

例：指定为 utf8 字符，再打印输出，如图 1-3-15 所示。

response.encoding = 'utf8'

print(response.text) # 输出会显示正常的字符串

方法二，使用 content.decode() 指定的解码。

例：decode() 括号里面不写参数，即默认使用 utf8 字符集。

print(response.content.decode())

decode() 括号里面不写参数就默认使用 utf8 字符集

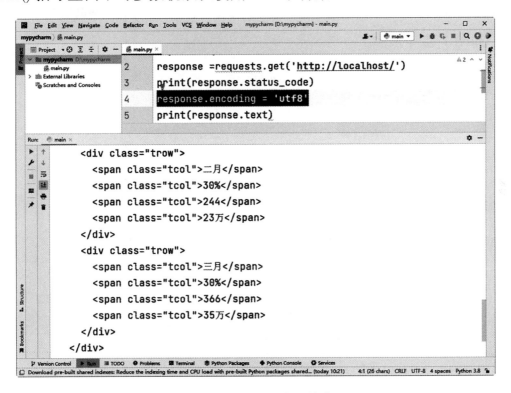

图 1-3-15 无乱码输出

任务四 爬取网页 <h1> 标签的内容

爬虫程序可以通过网页上的标签爬取网页的内容，即爬取网页标签后，再爬取网页标签中的文本内容。本任务要求编写爬虫程序，爬取网页上的 <h1> 标签，并爬取 <h1> 标签中的内容。

任务要求

（1）使用 IIS 发布准备好的素材文件"index.html"。

（2）编写爬虫程序代码，访问网址 http://localhost/。

（3）爬取网页的 <h1> 标签的标题文本并输出结果。

实现步骤

（1）领取素材文件"index.html"，用 IIS 发布"index.html"网页文件，运行浏览器查看发布效果，如图 1-4-1 所示。

图 1-4-1　用 IIS 发布"index.html"网页文件

（2）启动 PyCharm，创建"main.py"文件，输入程序代码，实现爬取网页的 <h1> 标签的标题文本并输出结果的功能，当输入第 7 行代码时，提示 parsel 出错，把鼠标指针置于该代码上执行"import'parsel"命令导入 parsel 模块，如图 1-4-2 所示。

【参考代码】

```
import requests
response =requests.get('http://localhost/')
print(response.status_code)
response.encoding = 'utf8'
print(response.text)
a=response.text
```

任务五　爬取网页多个 \<h2\> 标签的所有文本

爬虫程序能够爬取网页的 \<h1\> 标签，那么是否能够爬取网页的 \<h2\> 标签呢？如果网页中有多个 \<h2\> 标签，爬虫程序怎样高效率地一次爬取多个 \<h2\> 标签的内容？现在尝试编写爬虫程序，爬取网页中的所有 \<h2\> 标签，并爬取所有 \<h2\> 标签中的内容。

爬取网页多个 H2 标签的
所有文本

任务要求

（1）创建"index.html"文件，写入多个 \<h2\> 标签，在标签内写入中文。

（2）使用 IIS 发布准备好的素材文件"index.html"。

（3）编写爬虫程序代码，访问网址 http://localhost/。

（4）爬取网页中所有 \<h2\> 标签的文本并在终端输出。

实现步骤

（1）在 PyCharm 中，执行"File/New/HTML File"命令，如图 1-5-1 所示。

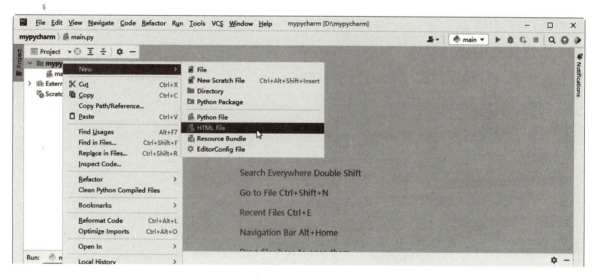

图 1-5-1　执行"File/New/HTML File"命令

【知识链接】

HTML 文件

超文本标记语言或超文本链接标示语言（标准通用标记语言下的一个应用）（Hyper Text Mark-up Language,HTML）是一种制作万维网页面的标准语言，是万维网浏览器使用的一种语言，它消除了不同计算机之间信息交流的障碍。HTML 元素是构建网站的基石。

（2）在"New HTML File"提示框中输入文件名"index.html"，如图1-5-2所示。

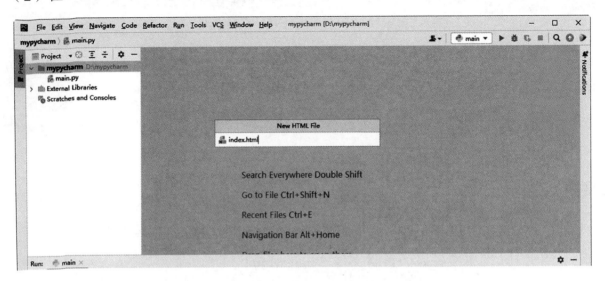

图1-5-2　输入文件名"index.html"

（3）在新建的文件"index.html"的<body>标签内输入多个<h2>标签内容，如图1-5-3所示。

【参考代码】

<h2>销售表</h2>

<h2>出货量</h2>

<h2>营业额</h2>

<h2>利润</h2>

<h2>广告投入</h2>

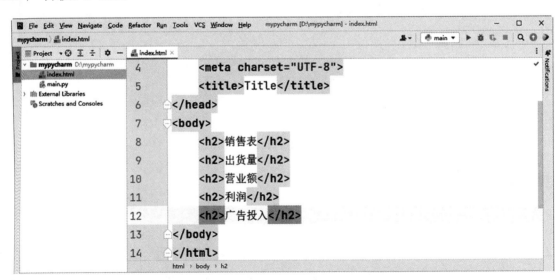

图1-5-3　输入多个<h2>标签内容

【知识链接】

HTML 文件包含一些最基本的文件结构标记，如表 1-5-1 所示。

表 1-5-1　HTML 文件中最基本的文件结构标记

文件结构标记	说明
\<html>	HTML 文档的开始
\<head>	HTML 文档的头部开始
\<title>	HTML 文档的标题信息开始
\</title>	HTML 文档的标题信息结束
\</head>　HTML 文档的头部结束	
\<body>	HTML 文档的主体开始
\</body>	HTML 文档的主体结束
\</html>	HTML 文档的结束

一般 \<html>\</html>、\<head>\</head>、\<title>\</title>、\<body>\</body> 常被看作 HTML 文件中的标签，可看出这些标签是双标签，也称为标签对。在 HTML 文件中还有许多其他标签，有些是双标签，也有单标签，标签有具体设置属性值等特点。

爬虫程序可以爬取网站网页上的内容，有需要时可以爬取双标签的开始与结束之间的内容，也可以爬取标签的属性值。

在 HTML 文件中，常见到 \<h1>、\<h2>、\<h3>、\<h4>、\<h5>、\<h6> 等标签。其中，\<h1>、\<h6> 标签可定义标题。\<h1> 标签定义最大的标题。\<h6> 标签定义最小的标题。

（4）在 IIS 中发布"index.html"，在浏览器中输入地址 http://localhost 浏览网站，如图 1-5-4 所示。

图 1-5-4　发布"index.html"

（5）启动 PyCharm，创建"main.py"文件，输入爬虫程序代码，实现爬取网页中所有 \<h2> 标签的文本并在终端输出的功能，如图 1-5-5 所示。

【参考代码】

```python
import parsel
import requests
response =requests.get('http://localhost/')
print(response.status_code)
response.encoding = 'utf8'
a=response.text
selector = parsel.Selector(a)
items = selector.css('h2')    # 爬取 <h2> 标签的元素，保存在 items 变量中
for item in items:            # 遍历所有元素
    text = item.xpath('.//text()').get()    # 爬取元素的文本
print(text)                   # 打印文本
```

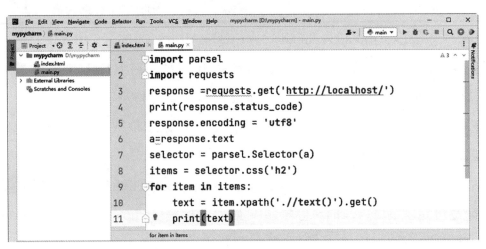

图 1-5-5 输入爬虫程序代码

（6）运行 "main.py" 文件，查看终端输出内容，可看到浏览网站时看到的页网文本内容，如图 1-5-6 所示。

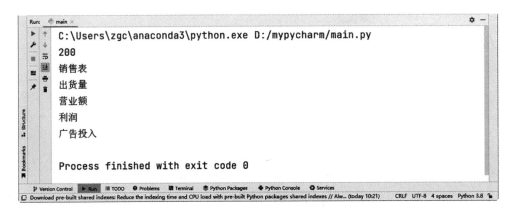

图 1-5-6 查看终端输出内容

任务六　根据标签类名爬取网页标签内容

通过识别网页中的类名，爬取符合条件的标签内容并输出爬取的结果。

任务要求

根据标签类名爬取网页标
签内容

（1）使用 IIS 中发布准备好的素材文件"index.html"。

（2）编写爬虫程序代码，访问网址 http://localhost/。

（3）爬取网页中所有类名为 item-0 的标签的内容并在终端输出。

实现步骤

（1）在 PyCharm 中，打开素材文件"index.html"，可观察到 HTML 文件有 1 个 <ul> 标签的内容，有些 <li> 标签的类名为 item-0，如图 1-6-1 所示。

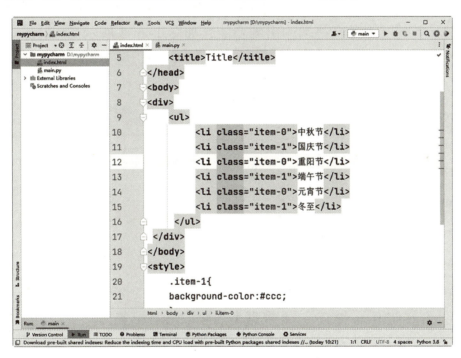

图 1-6-1　观察 HTML 文件的内容

【知识链接】

HTML 文件的类名

class 是 HTML 标签的一个属性，用于定义元素的类名，对应 CSS 中的类选择器，其语法格式为"<element class="classname">"；"classname"规定元素的类的名称，如需为一个元素规定多个类，则用空格分隔类名。

（2）在 IIS 中发布"index.html"，在浏览器中输入网址 http://localhost 浏览网站，如图 1-6-2 所示。

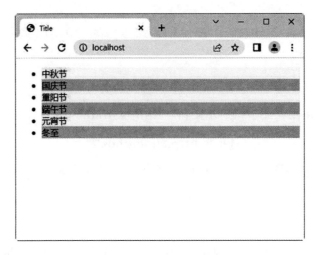

图 1-6-2　发布"index.html"

（3）启动 PyCharm，创建"main.py"文件，输入爬虫程序代码，实现爬取网页中所有类名为 item-0 的标签的文本并在终端输出的功能，如图 1-6-3 所示。

【参考代码】

```python
import parsel
import requests
response =requests.get('http://localhost/')
print(response.status_code)
response.encoding = 'utf8'
a=response.text
selector = parsel.Selector(a)
items = selector.css('.item-0')        # 根据类名爬取所有标签
for item in items:
    text = item.xpath('.//text()').get()
    print(text)
```

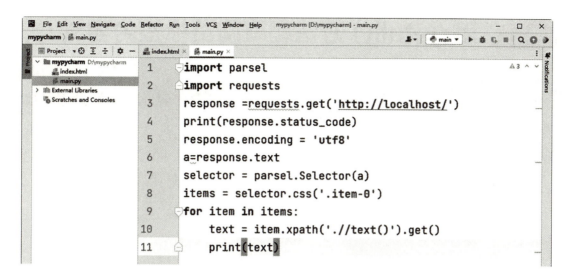

图 1-6-3 创建"main.py"文件

（4）运行"main.py"文件，查看终端输出内容，可看到输出的文本内容是所有类名为 item-0 的标签的文本，如图 1-6-4 所示。

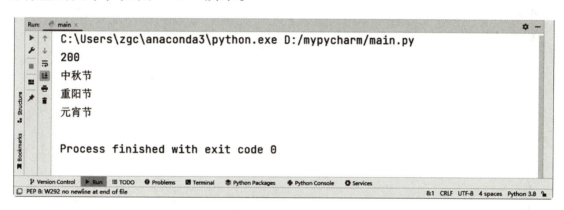

图 1-6-4 运行"main.py"文件

任务七 用 getall() 方法爬取网页标签内容

网页中标签的类名称可以相同，爬虫程序通过类名爬取内容，所得结果会以数组的形式返回。从数组中提取各个元素，是爬虫程序的一种常见功能。本任务要求编写爬虫程序，爬取所有类名为 item-1 的标签的内容。

任务要求

（1）使用 IIS 发布准备好的素材文件"index.html"。

（2）编写爬虫程序代码，访问网址 http://localhost/。

（3）用 getall() 方法爬取网页中所有类名为 item-1 的标签的内容并在终端输出。

实现步骤

（1）在 PyCharm 中，打开素材文件"index.html"，观察到 HTML 文件中有 1 个 \<ul\>标签的内容，有些 \<li\> 标签的类名为 item-1，如图 1-7-1 所示。

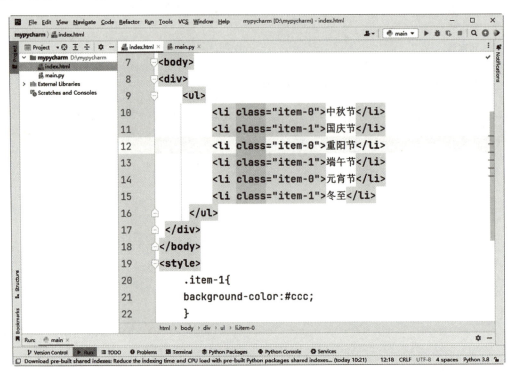

图 1-7-1 观察 HTML 文件的内容

（2）在 IIS 中发布"index.html"，在浏览器中输入网址 http://localhost 浏览网站，如图 1-7-2所示。

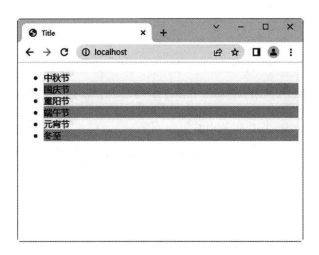

图 1-7-2　发布"index.html"

（3）启动 PyCharm，创建"main.py"文件，输入爬虫程序代码，实现用 getall() 方法爬取网页内容，指定爬取所有类名为 item-1 的标签的文本并在终端输出的功能，如图 1-7-3 所示。

【参考代码】

```
import parsel
import requests
response =requests.get('http://localhost/')
print(response.status_code)
response.encoding = 'utf8'
a=response.text
selector = parsel.Selector(a)
result = selector.xpath('//li[contains(@class,"item-1")]//text()').getall()
print(result)
```

图 1-7-3　用 getall() 方法爬取网页内容

大数据采集与爬虫

【知识链接】

parsel 库的 getall() 方法

parsel 库有 get() 方法和 getall() 方法。get() 方法只能提取第一个 selector 对象的文本内容，getall() 方法可以爬取所有 selector 对象的文本内容。

例：爬取 \<li\> 中第 1 个类名为 item-1 的文本内容的代码如下。

selector.xpath('//li[contains(@class,"item-1")]//text()').get()

例：爬取 \<li\> 中所有类名为 item-1 的文本内容的代码如下。

selector.xpath('//li[contains(@class,"item-1")]//text()').getall()

（4）运行"main.py"文件，查看终端输出内容，可以看到输出的文本内容是所有类名为 item-1 的标签的文本，如图 1-7-4 所示。

```
C:\Users\zgc\anaconda3\python.exe D:/mypycharm/main.py
200
['国庆节', '端午节', '冬至']

Process finished with exit code 0
```

图 1-7-4　查看终端输出内容

爬取网页中所有超链接的网址

网页中 <a> 标签的 href 属性值是链接跳转的目标，若能编写爬虫程序爬取 <a> 标签的 href 属性值，则有助于收集链接跳转的网站网页数据。本任务要求编写爬虫程序，通过识别网页中的 <a> 标签实现内容的爬取。

爬取网页中所有超链

接的网址

任务要求

（1）使用 IIS 发布准备好的素材文件"index.html"。

（2）编写爬虫程序代码，访问网址 http://localhost/。

（3）爬取网页中 <a> 标签的 href 属性值。

实现步骤

（1）在 PyCharm 中，打开素材文件"index.html"，可观察到 HTML 文件中有多个 <a> 标签，如图 1-8-1 所示。

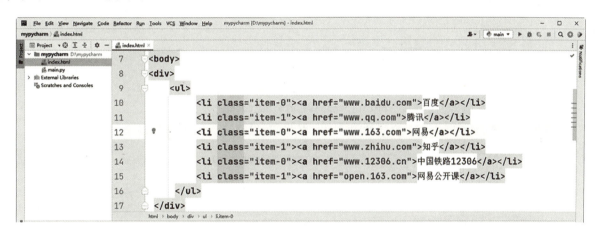

图 1-8-1 观察 HTML 文件的内容

（2）在 IIS 中发布"index.html"，运行浏览器查看 http://localhost 网页，如图 1-8-2 所示。

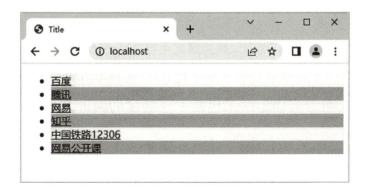

图 1-8-2 在 IIS 中发布"index.html"

（3）启动 PyCharm，创建"main.py"文件，输入爬虫程序代码，检查访问的网站有哪些 <a> 标签，用 getall() 方法爬取结果再在终端打印，可看到终端输出结果包括 <a> 标签信息，可以确定网页中存在 <a> 标签，如图 1-8-3 所示。

【参考代码】

```
import parsel
import requests
response =requests.get('http://localhost/')
print(response.status_code)
response.encoding = 'utf8'
a=response.text
selector = parsel.Selector(a)
result = selector.css("a").getall()    # 爬取所有 <a> 标签
print(result)                          # 输出爬取的结果
```

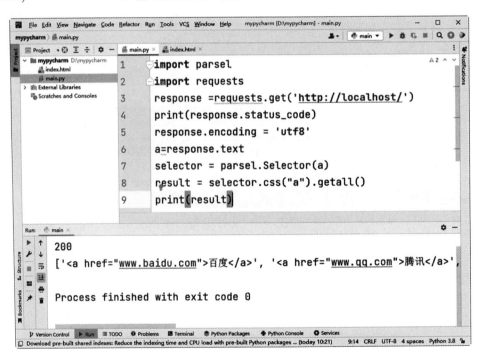

图 1-8-3　确定网页中存在 <a> 标签

（4）在"main.py"文件中添加爬虫程序代码，实现爬取所有 <a> 标签的 href 属性值并输出的功能。运行程序，可看到输出结果包括一些链接的网址，如图 1-8-4 所示。

【参考代码】

```
result = selector.css("a::attr(href)").getall()     # 爬取 <a> 标签的 href 属性值
print(result)
```

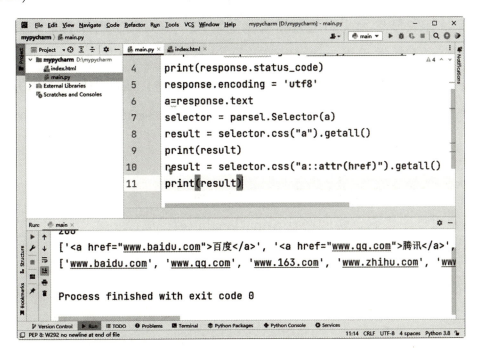

图 1-8-4　爬取所有 <a> 标签的 href 属性值

【知识链接】

<a> 标签

在 HTML 中，<a> 标签 (<A>) 中的 a（或者 A）是 anchor（或者 Anchor）的缩写。

<a> 标签定义超链接，用于从一个页面链接到另一个页面。

<a> 标签最重要的属性是 href 属性，它指定超链接的目标。

任务九 爬取网页中超链接目标的标题

网页中的 <a> 标签用于实现超链接，采集 a 标签标题可以知道有哪些热门的超链接目标。手工收集 <a> 标签标题显然无法满足数据采集的要求。编写爬虫程序自动爬取网页中 <a> 标签的标题，能大幅提高数据采集工作的效率，可以满足数据采集工作的要求。本任务要求编写一个爬虫程序，爬取"index.html"页面的 <a> 标签标题，从而理解爬虫程序爬取网页 <a> 标签标题的工作原理。

任务要求

（1）使用 IIS 发布准备好的素材文件"index.html"。

（2）编写爬虫程序代码，访问网址 http://localhost/。

（3）爬取网页中 <a> 标签的标题。

（4）按行输出结果。

实现步骤

（1）在 PyCharm 中，打开素材文件"index.html"，可观察到 HTML 文件的 <body> 主体内容中包括多个 <a> 标签，如图 1-9-1 所示。

```
8    <div>
9        <h2>景点榜</h2>
10       <ul>
11           <li><a href="head1.html">北京故宫</a></li>
12           <li><a href="head2.html">北京大学</a></li>
13           <li><a href="head3.html">长城</a></li>
14           <li><a href="head4.html">南宁动物园</a></li>
15           <li><a href="head5.html">北京理工大学</a></li>
16           <li><a href="head6.html">南开大学</a></li>
17       </ul>
18   </div>
19   </body>
```

图 1-9-1 <body> 主体内容中包括多个 <a> 标签

（2）在 IIS 中发布"index.html"，运行浏览器查看 http://localhost 网页效果，如图 1-9-2 所示。